触控画面，可点击想要移动
的位置。也可以点击它们看
看，会有意想不到的互动喔！

GAME

拼图游戏：
让孩子在形状认知的游戏中，
快乐学习并获得成就感。

E-BOOK

电子书功能：
不需要感应本书页面
就能使用，还能让年
龄较小的孩子边看边
听海洋生物的介绍，
对学习产生兴趣。

CAMERA

照相功能：
AR 是虚拟与现实的
结合，让孩子在镜头
前伸出手，和海洋生
物们贴近距离拍张照
片吧！

BACK

返回功能：
回到上一页开始画
面。

U0323536

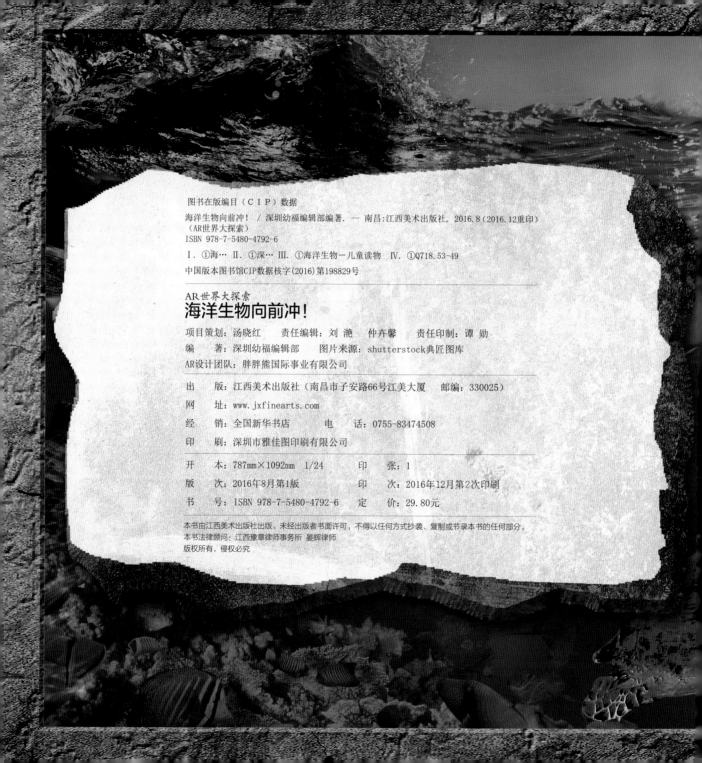

图书在版编目（CIP）数据

海洋生物向前冲！/ 深圳幼福编辑部编著. — 南昌：江西美术出版社，2016.8（2016.12重印）
（AR世界大探索）
ISBN 978-7-5480-4792-6

Ⅰ．①海… Ⅱ．①深… Ⅲ．①海洋生物—儿童读物 Ⅳ．①Q718.53-49

中国版本图书馆CIP数据核字(2016)第198829号

AR世界大探索
海洋生物向前冲！

项目策划：汤晓红　　责任编辑：刘滟　　仲卉馨　　责任印制：谭　勋

编　　著：深圳幼福编辑部　　图片来源：shutterstock典匠图库

AR设计团队：胖胖熊国际事业有限公司

出　　版　江西美术出版社（南昌市子安路66号江美大厦　邮编：330025）

网　　址　www.jxfinearts.com

经　　销　全国新华书店　　电　话：0755-83474508

印　　刷　深圳市雅佳图印刷有限公司

开　　本　787mm×1092mm　1/24　　印　　张：1

版　　次　2016年8月第1版　　印　　次：2016年12月第2次印刷

书　　号　ISBN 978-7-5480-4792-6　　定　价：29.80元

3D

扩增实境互动APP！

海洋生物向前冲！

和超萌的海洋生物们一起探索海底

3DAR Marine Life

深圳幼福编辑部 编著

江西美术出版社

全国百佳出版单位

海洋世界

我们居住的地球是一个蓝色的星球，地球表面 71% 是海洋，比我们居住的陆地面积大多了。浩瀚的海洋里藏着一个多彩多姿的世界，你知道生活在海底的生物跟陆地上的生物有什么不一样吗？

想知道小丑鱼是怎样生活在充满毒刺的海葵之间的吗？你知道河豚在什么情况下会鼓起身上的刺吗？如果你感到好奇，就赶快翻开本书，解答心中的疑惑吧！神秘的海洋生物们在这里等着你去认识它们喔！

令人担忧的是，这些可爱的海洋生物正遭受着不同程度的伤害，说不定这一秒你才刚认识它，下一秒它就灭绝了。善良的你，合起本书后，请献出你的爱心，一起尽力保护海洋环境，让海底世界永远奇幻美丽吧！

与海葵共生
小丑鱼

小丑鱼和海葵密不可分的互利共生关系。

体色是橘红色，身体的侧边有三条银白色环带，像马戏团里的小丑，又似京剧中的丑角，因此被称为"小丑鱼"。小丑鱼属于热带海水鱼，全世界有 28 种小丑鱼可以和 10 种海葵共生，带毒刺的海葵可以保护小丑鱼，小丑鱼则会吃海葵消化后的残渣。

转换性别的独特机制

小丑鱼是雌雄同体的动物，它们有改变性别的能力。成长到某一阶段，体型较大的会攻击体型较小的小丑鱼，那些较小较弱的鱼会成为雄鱼或不具有生殖功能，较强大的鱼则成为雌鱼。

名称：小丑鱼
科学分类：海葵鱼亚科
体长：10 ~ 18 厘米
分布地区：除了大西洋以外，
　　　　　较温暖的浅潟湖或
　　　　　珊瑚礁

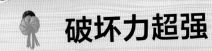

破坏力超强
鲨鱼

并不是所有鲨鱼都凶猛，有些能和人类共处！

鲨鱼种类虽有数百，但它们大多以受伤海洋哺乳类、鱼类和腐肉为食，有的甚至只滤食浮游生物，所以并不是所有的鲨鱼都很凶猛。如鲸鲨就是相当温驯的滤食性鲨鱼，它们对人类没有任何的威胁，人们可以跟它们共游，甚至抚摸它们的身体呢！大部分鲨鱼身体硕大，如果不积极游动，就会沉到海底；它们没有鱼鳔来控制沉浮，但肝含油量高，可增加浮力。

敏锐的嗅觉

能够闻出数里外的血液等细微物质。它们具有感应电的能力，并可以此发觉隐藏在沙底下的猎物。

名称：鲨鱼
科学分类：鲨总目
体长：20 厘米 ~ 20 米
分布地区：沿岸浅海、大洋区
　　　　　至深海皆有

随时替换的牙齿

鲨鱼一生需更换上万颗牙齿，替换的频率从 10 天到数个月不等。

盾鳞

它们全身覆满盾鳞，盾鳞除了保护鲨鱼免于受伤或者被寄生，还可以增进它们的流体动力。

鲨鱼没有肋骨

如果鲨鱼在陆地上，它身体的重量会把自己压垮。

AR
开启 APP
互动吧

透明的海中伞

水 母

水母是无脊椎动物，外形像是一把透明伞。

水母虽然长相美丽，但大多具有毒棘胞。它们通过圆形伞体的一缩一放来进行游动，并利用触手来控制游动方向，寿命很短，平均只有数个月。水母属于肉食性动物，它们用触手蜇伤猎物，以鱼类和浮游生物为食。有些水母身上会发光，主要用来吸引猎物。有些水母能放出一氧化碳气体，使身体膨胀，当遇到敌害时就会自动将气体放掉，沉入海底。

名称：水母

科学分类：刺胞动物门

体长：伞体直径最小 12 毫米，最大 2 米

分布地区：各种海域皆有

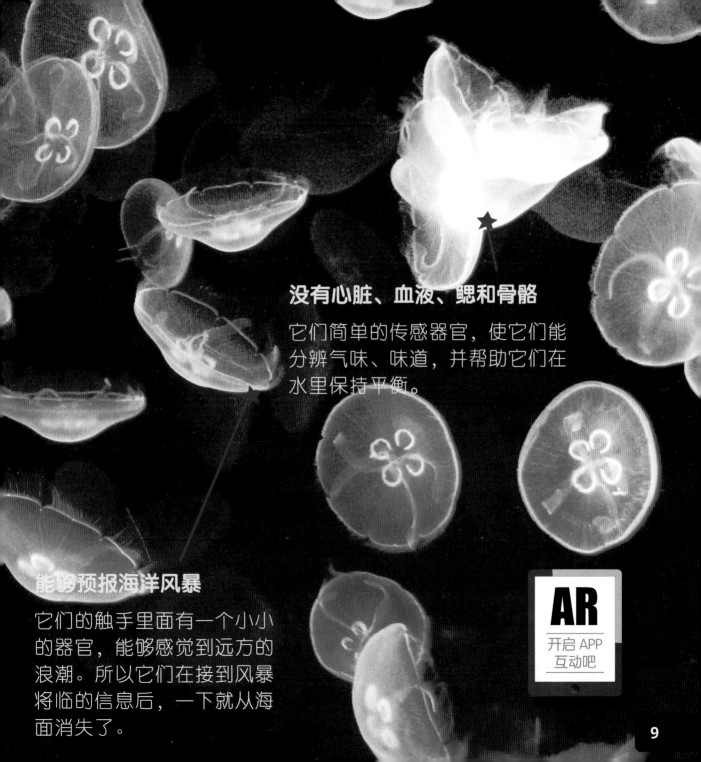

没有心脏、血液、鳃和骨骼

它们简单的传感器官，使它们能分辨气味、味道，并帮助它们在水里保持平衡。

能够预报海洋风暴

它们的触手里面有一个小小的器官，能够感觉到远方的浪潮。所以它们在接到风暴将临的信息后，一下就从海面消失了。

AR
开启 APP
互动吧

泳姿最优雅
海马

求救的信号

海马在水质变劣、氧气不足或被侵袭时，往往会收缩咽肌而发出"咯咯"的响声。

缓慢前进、泳姿优美的小型海洋生物。

海马是小型的海洋生物，它们游泳的姿态很特别，身体直立，完全依靠背鳍和胸鳍游动，因此游动的速度相当缓慢。它的头部像马，眼睛像蜻蜓，尾巴像猴子，身体像有棱有角的木雕，这就是海马的外形。它们生活在沿岸一带的海藻或其他水生植物间。海马的嘴巴不能够张合，只能靠鳃盖和吻的伸张活动来快速吸入小生物为食。

生性懒惰，随波逐流

海马常以卷曲的尾部勾在海藻的茎枝上，有时也会倒挂在漂浮着的海藻或其他物体上，随波逐流。

AR
开启 APP
互动吧

雄性海马才会生小宝宝喔！
一次可生出上千只小海马呢！

名称：海马
科学分类：海马亚科
体长：5 ~ 30 厘米
分布地区：热带与亚热带的
沿海海域

横着走最快

螃 蟹

螃蟹横着走更快速是因为关节的特殊构造。

在所有大洋中都可以找到螃蟹的踪迹，在许多淡水河流、湖泊中也可以找到蟹。它们有的是水生，有的是陆生，也有半陆生的。世界上最小的蟹叫"豆蟹"，它的体长只有几毫米，而最大的日本蜘蛛蟹算上节肢部分，展开可达 4 米呢！

双螯就是武器

螃蟹类一般都带有侵略性，尤其是雄性螃蟹，时常通过打架来争夺配偶和食物。当螃蟹向同类发起挑战的时候，它会走到对方面前并高举双螯威吓对方。

名称：螃蟹

科学分类：短尾下目

体长：最小如蚕豆，最大达 4 米

分布地区：分布广泛，从大
　　　　　洋至溪流都有

分辨性别的特征

蟹一般都有两种明显的两性特征。其一是螯，其二是腹部，大多数雄蟹的腹部呈窄三角形，而雌蟹的腹部则更大更圆，主要原因之一是雌蟹的腹部有储藏卵的功能。

横着走更快

因为关节构造的关系，螃蟹横着走确实会更迅速。

海上的霸王
虎 鲸

虎鲸又称"杀人鲸"，可以说是海上霸王。

　　头部呈圆锥状，身长约有 10 米，体重约 9 吨，身体的颜色黑白分明，背部为漆黑色，腹面则是雪白色。成年雄鲸的背鳍呈现直立的样子，雌鲸与未成年鲸为镰刀形。虎鲸是肉食性群居动物，会集体捕食鱼类、海狮和海豚，甚至还会袭击其他的鲸类。虎鲸不仅能够发射超声波，通过回声去寻找鱼群，而且还能判断鱼群的大小和游泳方向！

名称：虎鲸

科学分类：海豚科

体长：8 ~ 10 米

分布地区：分布广泛，全世界海洋区域皆有

最大的海豚种类

虎鲸的体型非常粗壮，是海豚科中体型最大的物种。

没有天敌的虎鲸

海洋哺乳类是虎鲸最喜欢的食物，在此之外它们也喜爱捕食魟鱼和鲨鱼，甚至连鸟类和企鹅都会猎捕！

无脊椎动物
章鱼

章鱼有八条触腕，又被称为"八爪鱼"。

触腕如果断掉可以自行生长回来，每条触腕上均有两排吸盘，靠吸盘沿海底爬行，捉握其他生物。章鱼栖息在多岩石海底洞穴或缝隙中，属于肉食性动物，主要以虾、蟹类及甲壳动物为食。章鱼跟乌贼一样，受惊吓或遇到危险时会喷出黑色墨汁，作为烟幕掩护自己逃生喔！所喷出的黑墨具有麻痹效果。

章鱼都有变色能力

这种变色能力来自章鱼体内的色素细胞，当遇到危险及静止时，可以伪装，逃避敌人及伺机猎食。

名称：章鱼
科学分类：八腕目
食性：肉食性
分布地区：各地海域皆有

章鱼具有发达的大脑

它的智力蛮高的，而
且具有长期记忆和短
期记忆，有很强大的
学习能力。

高智商的哺乳类
海豚

回声定位功能

头部内有用来回声定位的功能组织，根据回声的强弱，可以判断前方障碍物的远近、大小。

海豚最厉害的是可以不用睡觉！

海豚是一种本领超群、聪明伶俐的哺乳动物，有着尖尖的嘴巴，主要以小鱼、乌贼、虾蟹为食。海豚靠肺呼吸，体形呈流线型，大脑由完全隔开的两部分组成，其中一部分工作时，另一部分就休息，因此海豚可以终生不眠。海豚经常跳出水面，一方面是为了换气，另一方面其实是为了甩掉身上的寄生虫。

高智商的哺乳类动物

海豚的智力商数可能比除人类以外的灵长类物种都要高，但数据的容载量却比灵长类低。

名称：海豚
科学分类：海豚科
体长：1.5 ～ 10 米
体重：40 公斤至 10 吨不等
分布地区：广泛生活在大陆棚的浅海里

AR
开启 APP
互动吧

所谓的海豚音

海豚可以用在呼吸孔
下面的鼻气囊发出频
域很宽的各种声音。

长寿的代表

海龟

快爬！

爬行不快，但在海中游速却相当惊人的海龟。

海龟是海洋龟类的总称，是所有龟鳖类动物中唯一生活在海洋的物种，分布范围十分广泛。海龟与陆龟不同的是，海龟是不能将它们的头部和四肢缩回到壳里的！当海龟准备产卵时，一定要回到陆地。它们一次可产 50 ～ 200 个乒乓球状的卵，但是幼海龟的存活率却只有千分之一。

没牙齿也能防止食物流出

海龟的嘴巴与食道内长有"倒刺"的特殊构造，可以防止吃进嘴巴里的食物不小心再吐回海里，从而被海水带走的情形。

名称：海龟
科学分类：海龟总科
分布地区：除了北冰洋外皆有

AR

开启 APP
互动吧

缓慢成长所以长寿

一般认为海龟在海洋中的
成长速度相当缓慢，估计
需要 15 ~ 30 年才能达到
成熟的体型呢！

水中飞行员

魟鱼

波浪般飞翔的美丽姿态暗藏着有剧毒的刺尾。

魟鱼又称"魔鬼鱼"，它的身体扁平，略呈圆形或菱形，胸鳍发达，尾呈鞭状，带有毒刺。魟鱼有一个具有如单向阀功能的孔口，可以吸入海水，由下方鳃排出，避免在多沙的海床下吸入过多沙粒。魟鱼经常隐身在泥沙中，露出一双眼睛，悄悄等着猎物出现，再出其不意地捕食它们，主要捕食的对象是鱼类或甲壳类。

如波浪的体盘

魟鱼的体盘由发达的胸鳍演化而成。它以波浪状的摆动方式来游动，如同在水中飞翔，非常美丽。

名称：魟鱼
科学分类：魟科
食性：肉食性
分布地区：全球各大洋流皆有

毒刺的演变

尾巴为起保护作用而演化出
骨质扁平像针一样的毒刺，
毒刺为中空状，在毒刺的尖
端有两排小小的倒刺。

AR
开启 APP
互动吧

23

带刺的气球
刺河豚

我生气了！
禁止靠近！

受到威胁或生气的刺河豚才会变成球状喔！

刺河豚属于暖水性海洋底栖鱼类，身体短而肥厚，内部器官含有一种能使人致命的神经性毒素。有细小的刺，一旦遭受威胁就会吞下海水或空气，使身体膨胀成多刺的圆球，让天敌难以将它吞下，再利用鳃和嘴巴吐出空气和海水，恢复原形。由于膨胀的外形像气球，所以又被称为"气球鱼"。

膨胀如气球般的身体

刺河豚普遍都具有膨胀身体的能力，能将大量的水、空气吸入非常有弹性的胃中，使身体膨胀好几倍，用来吓阻掠食者。

名称：刺河豚
分布地区：北纬45度至南纬45度间的水域

用摇摆的方式划水前进

因为刺河豚没有大多数鱼所具有的游泳肌肉，所以只好利用左右摇摆的背鳍和尾鳍来划水。

AR

开启 APP
互动吧

保护海洋生物大行动

　　生活在海洋里的生物总量远远超过陆地上的生物总量。在海底世界里，每一个生物个体都有着自己的生存环境和生活方式。

　　由于海洋资源非常丰富，海洋遭受了不同程度的人为破坏和污染，如渔民过度捕捞海洋生物，船舶将造纸厂、化工厂的生产废料、污泥污水等倾倒入海洋，还有石油泄漏……这些行为无疑都会造成海洋生态系统的失衡。

　　没有了海洋，地球上的生命也将消失。保护海洋生物，也是保护我们自己。因此，每个人都应该尽一份力量，一起来保护海洋生物！